AF298672

ACTION DE L'IODOFORME

SUR LES

TISSUS NORMAUX

PAR

Le docteur V. CORNIL

PROFESSEUR D'ANATOMIE PATHOLOGIQUE A LA FACULTÉ DE MÉDECINE DE PARIS
MÉDECIN DE L'HÔTEL-DIEU

ET

Le docteur COUDRAY

ANCIEN CHEF ADJOINT DE CLINIQUE CHIRURGICALE
A LA FACULTÉ DE MÉDECINE DE PARIS

Extrait de la *Semaine Médicale*, du 9 mai 1900

PARIS

IMPRIMERIE DE LA *SEMAINE MÉDICALE*

31, rue Croix-des-Petits-Champs, 31.

—

1900

ACTION DE L'IODOFORME

SUR LES TISSUS NORMAUX

Lorsqu'on introduit de l'iodoforme dans la cavité d'un abcès tuberculeux, dans une plaie en suppuration ou dans un trajet fistuleux, il n'est pas aussi facile qu'on pourrait le croire d'expliquer exactement ce qui se passe dans les tissus pathologiques au contact de cet agent, en un mot de déterminer le comment et le pourquoi de son action.

Nous laisserons ici complètement de côté les effets généraux de l'absorption de l'iodoforme, qui sont bien connus depuis longtemps et qui ont été étudiés particulièrement au point de vue toxicologique.

De même, nous ne dirons qu'un mot de l'action de ce corps sur les agents microbiens, au sujet de laquelle on a écrit un nombre considérable de mémoires.

Au contraire, les effets de l'iodoforme sur les tissus normaux ont été peu étudiés, et cependant, à notre avis, c'est vraisemblablement dans les résultats des recherches faites dans cet ordre d'idées qu'on trouvera en partie l'explication de la façon dont agit l'iodoforme.

I

Nos expériences ont consisté en injections d'huile iodoformée à $^1/_{12}$ environ; sur 4 chiens, nous avons injecté 8 c.c. de cette solution dans le péritoine et 2 grammes dans l'articulation du genou; chez une lapine adulte, nous avons fait une injection de 2 grammes dans le tissu cellulaire sous-péritonéal. Enfin, nous avons, sur quelques cobayes, introduit de la poudre d'iodoforme dans le tissu cellulaire sous-cutané, après incision ; nous pratiquions ensuite la suture.

Péritoine du chien. — Un premier chien a été sacrifié vingt-quatre heures après l'injection. Le péritoine ne contenait pas de liquide. Le grand épiploon était rétracté le long du côlon transverse, mais il se laissait facilement déplisser.

Après avoir étalé des feuillets épiploïques sur des lames de verre, on a traité les préparations par une solution à $1/100$ de nitrate d'argent, puis on les a colorées par une solution faible de bleu de méthylène ou de violet d'aniline.

Les cuticules des cellules endothéliales avaient toutes disparu et ces cellules elles-mêmes avaient été en partie détruites.

Sur les mailles, on voyait beaucoup de granulations graisseuses provenant de l'huile injectée, un petit nombre de globules blancs migrateurs, et, de distance en distance, des noyaux ovoïdes de cellules plasmatiques avec très peu de protoplasma.

En résumé, *destruction d'une grande quantité de cellules endothéliales dont on ne retrouvait pas de traces ; disparition de toutes les cuticules cellulaires ; diapédèse peu marquée.*

Un second chien a été sacrifié le troisième jour. L'ouverture du ventre de cet animal a permis de constater une péritonite très évidente, sans qu'il y eût, toutefois, de liquide dans la cavité péritonéale.

Une partie du grand épiploon était rétractée du côté de son insertion au côlon transverse et formait là un nœud irrégulier ; on a pu, cependant, le déplier et l'étaler sans déchirure. En ce point, les lames épiploïques étaient chiffonnées comme une toile de batiste mouillée ; il y avait entre elles un peu de fibrine qui les rendait adhérentes.

De plus, une portion de la membrane épiploïque était soudée à la vessie très distendue. Nous avons détaché cette partie de la vessie en ayant soin de ne pas décoller le péritoine adjacent, afin d'en pratiquer l'examen histologique complet sur des coupes.

Les préparations du grand épiploon, étalées sur des lames de verre et traitées par le nitrate d'argent, puis colorées, ne montrent plus de cuticules cellulaires.

Les travées des mailles épiploïques présentent beaucoup de granules et de gouttelettes de graisse provenant évidemment de l'huile injectée qui n'a pas été résorbée. Elles offrent aussi des lésions très nettes d'inflammation : on y trouve des leucocytes, généralement mononucléaires, en petit nombre, agglutinés à des fibrilles de fibrine qui passent par-dessus les mailles épiploïques ou s'insèrent sur le pourtour de leur paroi, et d'autres infiltrés dans le tissu conjonctif des travées épaisses. Sur les parois minces, on voit beaucoup de cellules endothéliales relevées, à pied, à protoplasma abondant, à noyaux ovoïdes volumineux, souvent doubles dans une même cellule.

Ces lésions histologiques existent sur tout le grand épiploon, mais elles sont particulièrement marquées dans le point où cette membrane s'était pelotonnée et au niveau de son adhérence à la vessie.

Nous avons fait, après durcissement, des préparations comprenant l'adhérence péritonéovésicale, la paroi musculeuse et la muqueuse de la vessie. Nous avons constaté sur ces coupes qu'une inflammation adhésive s'était produite, par l'intermédiaire de fibrine, de cellules plasmatiques et de leucocytes, entre une lame du grand épiploon enflammé et la surface péritonéale de la vessie. Nous ne donnons pas la description détaillée de ces coupes, parce qu'elles reproduisent exactement ce que l'un de nous a décrit à propos des adhérences du péritoine à la surface péritonéale de l'intestin à la suite des ligatures séro-séreuses (1).

Un troisième chien a été tué six jours après une injection péritonéale du même liquide et à la même dose. La surface du péritoine n'offrait chez lui rien d'apparent à l'œil nu; ni liquide épanché ni adhérences. Le grand épiploon était étalé sur l'intestin grêle et jusque dans le petit bassin. Il était très facile de le soulever, de séparer ses membranes en contact et d'en faire des préparations. Sur presque toute son étendue, la nitratation faisait apparaître très nettement les minces cuticules, visibles grâce à leur contour noirci. Les préparations colorées au bleu de thionine en solution faible montraient à la fois les cuticules, les noyaux et le protoplasma des cellules endothéliales situées au-dessous des cuticules. Ces cellules, qui n'avaient pas de rapport avec les cuticules, étaient volumineuses et nombreuses, anastomosées le plus ordinairement entre elles, et renfermaient chacune un ou deux noyaux ovoïdes volumineux. Ces détails indiquaient une inflammation antérieure presque terminée. Les travées plus volumineuses contenaient des globules blancs mononucléaires, restes de l'inflammation.

Dans les travées dont les cuticules n'étaient pas encore formées, les cellules endothéliales étaient presque toutes réappliquées aux filaments épiploïques, mais saillantes, gonflées, quelques-unes attachées à la paroi par un pédicule plus ou moins long. Il y avait à la surface des travées quelques gouttelettes graisseuses provenant de l'huile injectée. Parfois, les cellules endothéliales avaient passé sur une gout-

---

(1) Cornil. Sur le mode de réunion séro-séreuse des anses intestinales. (*Semaine Médicale*, 1896, p. 302.) — Des modifications que subissent les cellules endothéliales dans les inflammations et en particulier dans les adhérences des membranes séreuses et dans la pneumonie. (*Arch. de méd. expérim. et d'anat. pathol.*, janv. 1897.)

telette huileuse et l'englobaient en la retenant appliquée contre la paroi.

En définitive, nous avions affaire dans cette expérience à une réparation presque terminée de l'endothélium du grand épiploon. Mais cette réparation s'accompagnait, comme dans les inflammations purement traumatiques, d'une formation nouvelle abondante des cellules endothéliales et des cellules du tissu conjonctif des cloisons vascularisées plus volumineuses de cette membrane.

Séreuses articulaires du chien. — Nous avons examiné la synoviale du genou de plusieurs chiens sacrifiés vingt-quatre heures, trois jours et six jours après une injection d'huile iodoformée.

L'articulation, ouverte et comparée à celle qui est restée saine, se montre plus congestionnée et contient plus de liquide. Ce liquide est muqueux, mais présente parfois, dans les premiers jours, quelques dépôts de fibrine.

Au bout de vingt-quatre heures, la lésion de la synoviale consiste essentiellement dans la chute des cellules endothéliales superficielles et dans une infiltration du tissu conjonctif et du tissu des franges adipeuses par une grande quantité de leucocytes pour la plupart polynucléaires.

Ainsi, dans la figure 1, qui représente une

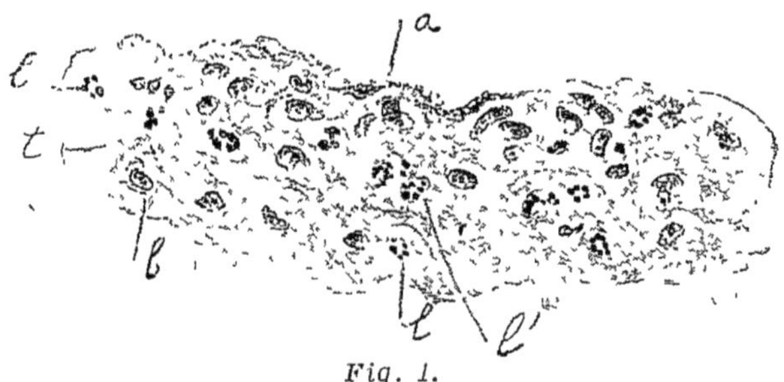

Fig. 1.

coupe de la surface de la synoviale, on voit en *a* deux cellules endothéliales seulement qui sont restées en place. Les autres sont tombées dans le liquide articulaire où elles sont devenues granuleuses et sphériques. Le premier effet de l'huile iodoformée est une action nécrosante sur l'endothélium. En même temps, il y a appel de leucocytes polynucléaires, *l, l,* dans tout le tissu conjonctif, *t*. Les cellules fixes de ce dernier sont conservées et leurs noyaux assez volumineux, comme en *b*.

Cette diapédèse leucocytaire est très généralisée et s'étend à tout le tissu cellulo-adipeux de la synoviale. Sur les nombreuses coupes que nous avons examinées, provenant de deux chiens sacrifiés après vingt-quatre heures, nous avons vu dans tous les bourrelets adipeux, dans les franges et dans tous les tissus graisseux que recouvre la séreuse une infiltration de leucocytes dans les mailles celluleuses qui circonscrivent les vésicules et cellules adipeuses, ainsi que cela est représenté dans la figure 2.

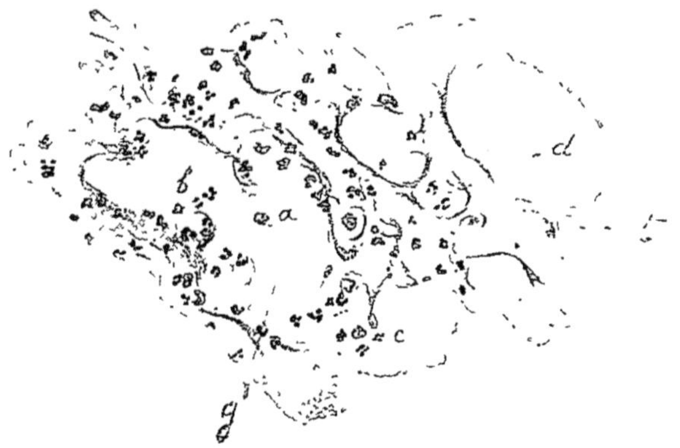

Fig. 2.

Les cellules adipeuses elles-mêmes sont rarement en place; parfois elles sont détachées et libres dans une vacuole adipeuse plus ou moins remplie de leucocytes, comme cela se voit en *a*. Les loges occupées par la graisse, *g, d*, sont souvent pleines de leucocytes presque tous polynucléaires, *b, d*. Il s'agit donc d'une inflammation assez intense, avec appel considé-

rable de leucocytes polynucléaires, et ayant
débuté par une mortification et une désintégra-
tion plus ou moins complète des cellules fixes.
Vingt-quatre heures après le début de cette
inflammation, on trouve déjà un grand nombre
de ces leucocytes en voie de désagrégation et
réduits à des grains de nucléine, leur protoplasma étant détruit.

Cette inflammation de la séreuse articulaire
se continue ensuite par l'hypertrophie et la
néoformation des cellules fixes, appartenant les
unes à la surface de la séreuse, les autres à son
tissu conjonctif. Cette néoformation parallèle
des cellules endothéliales superficielles et des
cellules plasmatiques du tissu conjonctif s'ac-
compagne de la disparition progressive des
leucocytes.

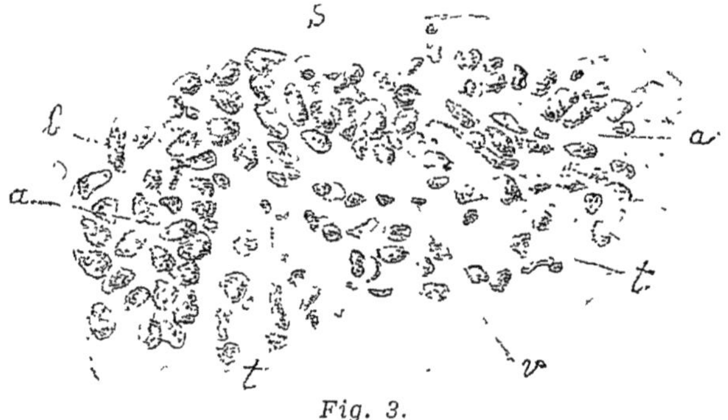

Fig. 3.

Cette poussée cellulaire est surtout très
marquée et exubérante le troisième jour après
l'injection iodoformée. La figure 3 en est un
exemple manifeste. Sur une coupe de la surface *s* de la séreuse, on voit en effet une couche
superficielle épaisse de cellules endothéliales, *a*,
a, dont les noyaux sont irrégulièrement ovoïdes
ou discoïdes et dont les contours protoplas-
miques ne sont pas toujours distincts. Dans le
tissu conjonctif sous-jacent, *t*, on voit de nombreuses cellules du tissu conjonctif à noyaux
volumineux. Il n'y a déjà presque plus de leu-

cocytes, et les débris de ces éléments qui persistent sont réduits à de petits fragments, de nucléine. En *v* est un vaisseau capillaire dont la lumière est bordée de cellules endothéliales. A ce moment, les préparations qui portent sur le tissu adipeux de la synoviale montrent les cellules adipeuses volumineuses, avec un protoplasma gonflé et granuleux et de gros noyaux ovoïdes. Il ne reste presque plus de traces de l'infiltration leucocytique notée le premier jour.

Six jours après le début de l'inflammation, les cellules de la surface de la séreuse, aussi bien que celles du tissu cellulo-adipeux, sont toujours hypertrophiées et en multiplication. Ainsi, à la surface, on trouve deux ou trois rangées de grosses cellules endothéliales dont le protoplasma est bien arrêté; quelques-unes sont munies d'un pied ou isolées et saillantes. Les cellules du tissu conjonctif et du tissu adipeux sont également plus volumineuses et plus nombreuses qu'à l'état normal.

Il résulte donc de nos expériences d'injection d'huile iodoformée à faible dose, dans le péritoine aussi bien que dans les séreuses articulaires, que cet agent détermine une inflammation d'une certaine intensité. Elle est caractérisée, au début, par une mortification des cellules fixes en contact avec l'iodoforme et par un appel plus ou moins considérable de leucocytes; puis, au second et au troisième jour, par une multiplication et une vitalité considérables de ces mêmes cellules, qu'elles appartiennent à la surface séreuse ou à son tissu cellulo-adipeux. Cette réaction ne diffère pas sensiblement de ce qu'on peut obtenir avec des agents irritants ou nécrosants, comme le nitrate d'argent, employés à faible dose. La multiplication des cellules et le renforcement de leur activité nutritive, qui persistent pendant une huitaine de jours après les injections iodoformées, en font un excellent agent d'inflammation substitutive.

Tissu conjonctif sous-péritonéal du lapin. — Nous avions pratiqué chez une lapine adulte une injection avec 2 grammes d'huile iodoformée à $^1/_{10}$, qui, au lieu de pénétrer dans la cavité péritonéale, s'était arrêtée dans *le tissu conjonctif intermédiaire au péritoine pariétal et aux couches musculeuses de la paroi abdominale*. L'animal fut sacrifié le septième jour après l'opération. A l'ouverture du ventre, le péritoine fut trouvé sain, sauf dans la partie où le tissu conjonctif sous-péritonéal avait été injecté. Là, du côté de la cavité du ventre, on voyait une plaque blanc jaunâtre de la grandeur d'une pièce de deux francs, opaque, couverte d'un léger exsudat fibrineux. Des cristaux d'iodoforme, restés dans le tissu enflammé, lui donnaient sa couleur jaunâtre.

Sur les coupes perpendiculaires à cette plaque inflammatoire, on peut suivre l'infiltration cellulaire par des leucocytes et l'épaississement du tissu conjonctif du péritoine qui atteignent leur maximum au centre et vont en décroissant jusqu'à la périphérie. Le revêtement endothélial du péritoine est également enflammé et épaissi.

Ainsi, en examinant, sur les coupes, le péri-

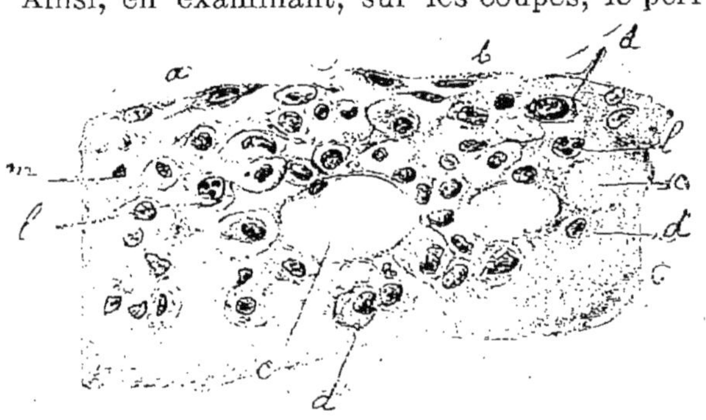

Fig. 4.

toine à la circonférence de la partie enflammée, on voit une seule couche de cellules plates et une mince épaisseur de tissu conjonctif. C'est ce que représente la figure 4, où la surface pé-

ritonéale montre des cellules endothéliales, *a, b,*
restées en place. Au-dessous d'elles, le tissu
conjonctif du péritoine pariétal montre ses cellules plasmatiques, *d, d, d,* très volumineuses,
de forme épithélioïde, et des leucocytes mononucléaires, *m,* ou polynucléaires, *l.* Les cellules
adipeuses, *c, c,* ne sont pas notablement alté-
rées. Mais, en se rapprochant du centre, on
constate que les cellules endothéliales devien-
nent grosses, pressées, se relèvent (cellules à
pied) et se rangent enfin en plusieurs couches,
où elles sont mêlées à un dépôt de fibrine et à
des leucocytes. Les cellules du tissu conjonctif
sont également très tuméfiées et multipliées.
Dans la partie la plus épaisse de ce tissu conjonctif, au centre de la plaque, nous avons vu des
lésions très intenses et remarquables, que nous
avons représentées dans les figures suivantes.

L'inflammation du tissu conjonctif sous-péritonéal, qui se continuait depuis sept jours, avait

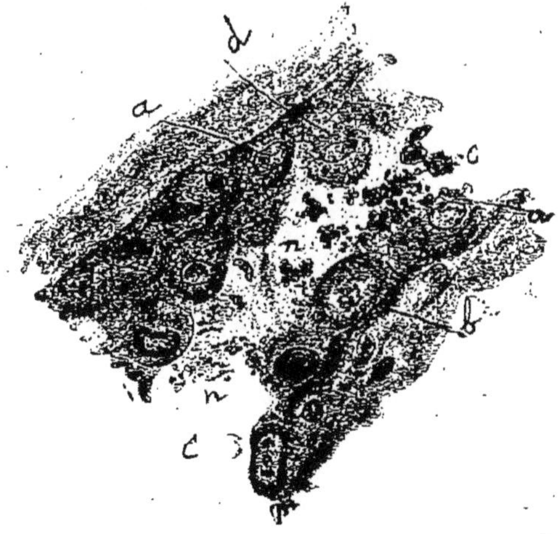

Fig. 5.

donné lieu à une irritation des vaisseaux lym-
phatiques caractérisée par l'hypertrophie et la
multiplication de leurs cellules endothéliales.
Ainsi, dans la figure 5 qui représente en *c, c,*

la lumière d'un lymphatique, on voit des cellules endothéliales tuméfiées, *a*, parfois en division indirecte comme en *b* et en *m*, ou détachées de la paroi comme en *d*. Remarquons, en passant, que la lumière de ce vaisseau lymphatique présente des grains colloïdes bizarrement groupés, *n, n*, comme M. Ranvier en a signalé.

Dans ce même tissu conjonctif enflammé, les cellules adipeuses montrent une prolifération de leurs noyaux ou une accumulation de cellules dans l'intérieur des vésicules adipeuses où les nouveaux éléments ont pris la place de la graisse absorbée par l'activité de leur nutrition. Aussi ces logettes, au lieu de renfermer des gouttelettes graisseuses, sont-elles remplies par

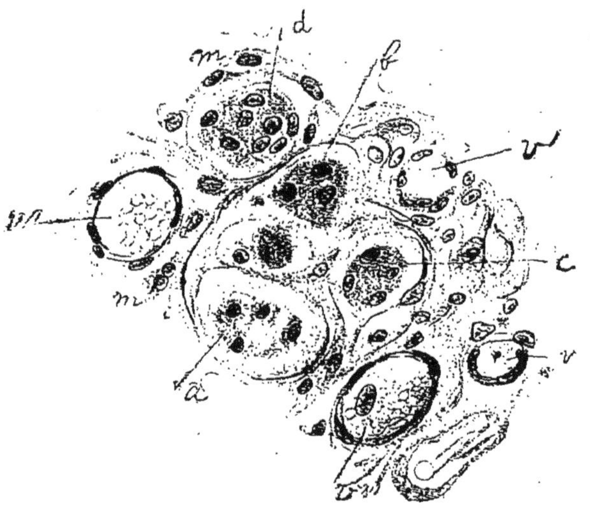

Fig. 6.

de véritables cellules géantes, *a, b, c, d;* l'une d'elles, *a*, contient plusieurs cellules conjonctives dont le protoplasma se fusionne et montre une vacuole. En *v, v', v", v'"* sont des capillaires sanguins plus ou moins dilatés. Cette transformation de la graisse en cellules géantes, dans l'inflammation du tissu cellulo-adipeux du chien, a été représentée par Cornil et Ranvier dans la première édition de leur manuel (1).

Il s'agit, en somme, dans ce cas d'une inflammation analogue à toutes celles qu'on peut produire soit par un traumatisme, soit par un agent irritant aseptique.

II

Après avoir relaté les résultats de nos expériences, nous allons maintenant passer en revue les remarques faites par les auteurs concernant les divers points sur lesquels ont porté nos recherches.

Diapédèse : Binz (2) irritait d'abord le mésentère d'une grenouille en l'exposant à l'air et provoquait ainsi la diapédèse des globules blancs; puis il versait de l'huile iodoformée sur le mésentère. Au bout de quelques heures, il constatait que les globules qui avaient émigré n'avaient plus de mouvements, qu'ils étaient comme « fixés », tandis que les autres globules blancs n'étaient pas sortis des vaisseaux.

Haasler (3), ayant placé des cristaux d'iodoforme dans le canal médullaire de lapins, après avoir détruit la moelle, observa, dès les premiers jours, une grande quantité de leucocytes dans la néoformation médullaire au voisinage des blocs d'iodoforme, tandis qu'au contact même des cristaux et dans leurs interstices les leucocytes étaient relativement peu nombreux et en voie de destruction. Cette production leucocytaire était plus abondante avec l'iodoforme qu'après l'ablation pure et simple de la moelle.

---

(1) Cornil et Ranvier. Manuel d'histologie pathologique, p. 80. Paris, 1869.

(2) Binz. Ueber das Verhalten der Auswanderung farbloser Blutzellen zum Jodoform. (*Arch. f. pathol. Anat u. Physiol.*, LXXXIX, 3.)

(3) Haasler. Ueber die Regeneration des zerstörten Knochenmarks und ihre Beeinflussung durch Jodoform. (*Arch. f. klin. Chir.*, L, 1.)

Von Büngner (1), dans des expériences faites pour étudier l'action de l'iodoforme sur la formation des cellules géantes, introduisit dans le péritoine de cobayes des éponges imprégnées de cette substance : il constata bientôt une très forte infiltration de globules blancs à la périphérie du corps étranger, et en conclut que l'iodoforme possède une action chimiotactique positive sur les cellules migratrices.

Lomry (2), dont les recherches ont surtout porté sur les effets de l'iodoforme vis-à-vis des agents microbiens, a constaté que ce corps exerce une action à peu près nulle, mais plutôt un peu favorable, sur les mouvements amiboïdes et la fonction leucocytaire en général.

R. Meyer (3) a répété les expériences de von Büngner et n'admet pas les conclusions de cet auteur. Il n'a pas noté que les leucocytes fussent plus nombreux après l'emploi d'éponges iodoformées qu'avec des éponges phéniquées, par exemple. D'après lui, le fait mécanique seul de la présence du corps étranger suffit pour provoquer l'action chimiotactique.

Les expériences précédentes s'expliquent très facilement malgré leur contradiction apparente; Binz a vu que l'iodoforme tue les globules blancs sortis des vaisseaux; la première action de l'iodoforme est, en effet, nécrotique au contact des cellules; c'est ce que nous avons observé pour les cellules endothéliales du péritoine et des séreuses. Le grand traumatisme provoqué par Haasler ne permet pas d'analyser l'action spéciale de l'iodoforme.

---

(1) Von Büngner. Ueber die Einheilung von Fremdkörpern unter der Einwirkung chemischer und mikroparasitärer Schädlichkeiten. (*Arch. f. klin. Chir.*, L, 4.)

(2) Lomry. Ueber den antiseptischen Wert des Jodoforms in der Chirurgie. (*Arch. f. klin. Chir.*, LIII, 4, et *Semaine Médicale*, 1897, p. 48.)

(3) Meyer. Beiträge zur Frage der Riesenzellbildung um Fremdkörper unter dem Einflusse des Jodoform. (*Arch. f. klin. Chir.*, LV, 3, et *Semaine Médicale*, 1898, p. 301.)

Les injections que nous avons faites dans le péritoine et la séreuse articulaire du genou montrent qu'après l'action nécrosante de l'iodoforme sur l'endothélium superficiel, il y a appel de leucocytes en quantité plus ou moins considérable, mais que cet envahissement leucocytaire dure peu, et qu'il est suivi, dès le second ou le troisième jour, par une suractivité de nutrition et de formation des cellules endothéliales et plasmatiques.

Formation des cellules géantes : Marchand (1) et Meyer (2), par des expériences faites à l'aide d'éponges imprégnées d'iodoforme et introduites sous l'aponévrose dorsale du lapin, ont constaté qu'il ne se formait pas de cellules épithélioïdes et, dans la suite, pas de cellules géantes à la périphérie des éponges, contrairement à ce qui avait lieu quand ils se servaient d'éponges stérilisées ou imprégnées d'acide phénique.

Von Büngner (3), expérimentant sur le péritoine de cobayes à l'aide d'éponges stérilisées et iodoformées, a observé, contrairement aux auteurs précédents, une abondante pullulation de cellules migratrices autour des éponges; il a vu, au quatrième jour, des cellules granuleuses qui bientôt formaient des cellules géantes très volumineuses.

Il est assez difficile d'expliquer pourquoi les résultats de ces auteurs sont contradictoires. Il est possible que l'iodoforme non dissous constitue en un point donné un véritable corps étranger, enkysté en quelque sorte, et que, dès lors, des cellules géantes se forment autour de lui. C'est ce que nous avons noté dans l'une de nos expériences.

---

(1) MARCHAND. Ueber die Bildungsweise der Riesenzellen um Fremdkörper und den Einfluss des Jodoforms hierauf. (*Arch. f. pathol. Anat. u. Physiol.*, XCIII, 3.)

(2) MEYER. (*Loc. cit.*)

(3) VON BUNGNER. (*Loc. cit.*)

Action sur les épithéliums et les endothéliums : Stubenrauch (1), ayant injecté dans le rein de lapins 10 c.c. d'une émulsion gommeuse d'iodoforme, commença déjà à voir, au bout de douze heures, des traces de dégénérescence des tubes urinifères au contact des cristaux d'iodoforme, et plus tard, au bout de trois jours et de quatorze jours, il nota une dégénérescence granulo-graisseuse très étendue de l'épithélium rénal. Le processus aboutit en somme à la disparition d'un grand nombre de cellules. Stubenrauch a vu des traumatismes du rein déterminer les mêmes dégénérescences, mais limitées au voisinage du trauma, tandis qu'avec l'iodoforme les lésions portent sur une grande partie de l'organe. La quantité relativement considérable d'iodoforme injecté par Stubenrauch explique ces phénomènes de destruction.

Action sur le tissu conjonctif : Hübener (2), en introduisant dans le péritoine d'animaux de l'iodoforme en poudre ou en cristaux, a noté la formation rapide de tissu conjonctif embryonnaire. Stubenrauch (3), par l'action de l'iodoforme sur un tissu chroniquement enflammé — hydrocèle de la tunique vaginale —, a signalé une néoformation et une hyperplasie considérables des éléments du tissu conjonctif de la tunique vaginale.

Action sur les tissus pathologiques : Les notions précédemment exposées permettent d'apprécier en partie le rôle de l'iodoforme dans les faits complexes qui se passent dans la paroi des abcès tuberculeux, par exemple, à la suite des injections.

---

(1) STUBENRAUCH. Das Jodoform und seine Bedeutung für die Gewebe. (*Deutsche Zeitsch. f. Chir.*, XXXVII, 5-6.)

(2) HUBENER. Ueber die mechanischen Verhältnisse bei der Resorption von Jodoform; ein Beitrag zur Lehre von der Jodoformintoxication. (*Beitrage z. klin. Chir.*, XVIII, 1.)

(3) STUBENRAUCH. (*Loc. cit.*)

Bruns et Nauwerck (1) ont examiné des parois d'abcès traités par les injections d'iodoforme en solution dans la glycérine et l'alcool. Bien que, de ce fait, leurs résultats soient contestables au point de vue de l'action propre de l'iodoforme, nous devons les relater, d'autant plus que Stubenrauch a obtenu des effets semblables par l'emploi d'une émulsion gommeuse d'iodoforme. Donc, Bruns et Nauwerck ont noté que le processus de destruction des nodules tuberculeux, si bien décrit par Lannelongue (2), est hâté par une riche exsudation cellulaire. Les divers éléments du tissu conjonctif qui forment la membrane granuleuse prolifèrent et donnent naissance à un tissu de bonne nature qui évolue vers l'état fibreux.

Stubenrauch (3) a étudié un ganglion tuberculeux enlevé six jours après l'injection d'une émulsion gommeuse d'iodoforme. Il a vu que le tissu sain était séparé de la partie nécrosée des nodules par une zone de globules blancs. Dans les points où le processus tuberculeux cessait, on trouvait des amas de leucocytes et des cellules fusiformes. Le même auteur a examiné aussi deux parois d'abcès extirpées après deux et trois injections. La couche granuleuse était constituée par un tissu cellulaire riche en leucocytes; dans le premier cas, où l'on avait fait deux injections faibles, on trouvait encore quelques tubercules, mais dans l'autre, où l'on avait pratiqué trois injections plus fortes, la membrane granuleuse, au bout de vingt-deux jours, se présentait comme un tissu sain de granulation.

Pouvoir bactéricide : L'action de l'iodoforme

---

(1) BRUNS et NAUWERCK. Ueber die antituberkulöse Wirkung des Jodoform; klinische und pathologische Untersuchungen. (*Beiträge z. klin. Chir.*, III, 1.)

(2) LANNELONGUE. Abcès froids et tuberculose osseuse. Paris, 1881.

(3) STUBENRAUCH. (*Loc. cit.*)

sur les tissus est d'autant plus importante à connaître que, par lui-même, cet agent n'est qu'un médiocre bactéricide. Les expériences de Heyn et Rovsing, de Lübbert, de Neisser, etc. ont montré que des cultures des microorganismes de la suppuration, et en particulier du staphylococcus aureus, ne sont pas tuées par l'iodoforme. Pour ce qui concerne la tuberculose, Wagner (1) a constaté que les vapeurs d'iodoforme amènent la mort des bacilles au bout de quatre semaines; d'après Troje et Tangl (2), les cultures, au contact de l'iodoforme soit en poudre, soit en vapeurs, cessent de se reproduire au bout de quatre semaines, mais ne meurent qu'au bout de cinquante jours.

Cependant, l'iodoforme agit, et cela d'une manière évidente, dans les abcès tuberculeux dont il amène le plus souvent la guérison, parfois même très vite. On admet depuis longtemps que cette action est due à sa décomposition.. Pour Högyes (3), l'iodoforme est décomposé dans l'organisme par les graisses; dans le pus, cette décomposition aurait pour agents soit les microorganismes, suivant Sattler (4), soit les ptomaïnes, d'après de Ruyter (5). De l'iode serait

---

(1) WAGNER. De l'influence exercée par certaines substances médicamenteuses sur le développement des cultures du bacille de la tuberculose (en russe). (*Vratch*, 1889, n° 42.)

(2) TROJE et TANGL. Ueber die antituberkulöse Wirkung des Jodoforms und über die Formen der Impftuberkulose bei Impfung mit experimentell abgeschwächten Tuberkelbacillen; vorläufige Mitteilung. (*Berlin. klin. Wochensch.*, 18 mai 1891.)

(3) HÖGYES. Anmerkungen über die physiologische Wirkung des Jodoform und über seine Umwandlung im Organismus. (*Arch. f. experim. Pathol. u. Pharmakol.*, X, 3-4.)

(4) SATTLER. Ueber den antiseptischen Werth des Jodoforms und Jodols. (*Fortsch. der Med.*, 15 juin 1887.)

(5) DE RUYTER. Zur Jodoformfrage, *in* Arbeiten aus der chirurgischen Klinik der Universität Berlin. 2° partie. Berlin. 1887. — De l'action de l'iodoforme comme antiseptique (*Semaine Médicale*, 1887, p. 178.)

mis en liberté, et cet iode à l'état naissant aurait une action puissante sur les agents microbiens et leurs produits, les ptomaïnes, dont la virulence serait considérablement atténuée, sinon détruite. Des recherches ultérieures, parmi lesquelles nous signalerons celles de Karlinski (cité par Stubenrauch), de Maurel (de Toulouse) (1), de Stchégoleff (2), de Lomry (3) ont confirmé les résultats indiqués par Sattler et de Ruyter. Ces données s'appliquent non seulement au pus tuberculeux, mais à la suppuration en général.

C'est donc à sa décomposition, principalement à la mise en liberté de l'iode, que sont dues les propriétés remarquables de l'iodoforme comme agent de désinfection, propriétés que personne ne conteste et qui sont connues depuis bien longtemps. Actuellement encore, et malgré l'apparition presque journalière d'une foule de produits antiseptiques, on a volontiers recours à l'iode comme moyen de désinfection en chirurgie aseptique. C'est ainsi que Mikulicz (4), pour se garantir de l'infection par la peau dans les plaies à réunion immédiate, badigeonne le champ opératoire avec de la teinture d'iode avant l'opération, et recommande, pour l'asepsie des ongles, de tremper le bout des doigts dans la teinture d'iode.

De même, Quénu (5) préconise, après divers lavages antiseptiques des mains, des instillations de teinture d'iode sous les ongles.

---

(1) Maurel. Action comparée de l'iodoforme sur le staphylococcus et sur les éléments figurés du sang humain. (*Semaine Médicale*, 1893, p. 382.)

(2) Stchégoleff. Comment il faut interpréter l'action antiseptique de l'iodoforme. (*Arch. de méd. expérim. et d'anat. pathol.*, nov. 1894.)

(3) Lomry. (*Loc. cit.*)

(4) Mikulicz. De l'asepsie chirurgicale. (*Semaine Médicale*, 1898, p. 173.)

(5) Quénu. De l'asepsie opératoire (analyse d'un travail de M. Mikulicz). (*Rev. de chir.*, mars 1898.)

Rydygier (1) conseille aussi, comme temps terminal du nettoyage des mains, l'essuyage avec de la gaze iodoformée imbibée de sublimé.

Ces pratiques ont leur raison d'être, car K. Brunner (2), dans ses recherches sur l'asepsie et l'antisepsie des plaies opératoires, a montré que l'iode en solution saturée dans l'alcool à 50 % constitue le meilleur désinfectant connu.

III

Nous savons maintenant que l'iodoforme agit, d'une part sur les tissus, d'autre part sur les agents microbiens et leurs produits, cette dernière action étant le fait de sa décomposition.

Sur les agents microbiens, l'iodoforme même décomposé n'a pas cependant une action très rapide et l'on ne peut attribuer à son pouvoir bactéricide seul la disparition des microorganismes. Ainsi, en ce qui concerne les abcès tuberculeux, Bruns et Nauwerck (3) pensent que le premier phénomène qui se produit après les injections d'iodoforme est la mort des bacilles, les modifications des tissus ne venant qu'ultérieurement. Les conclusions de ces auteurs sont controuvées par les recherches de Troje et Tangl, d'après lesquelles il faut un contact de treize à dix-huit jours avec l'émulsion iodoformée introduite en une ou deux injections assez fortes, pour que le pus ne provoque plus la tuberculose chez les animaux.

D'après ces derniers, et d'après Stubenrauch qui s'est rallié à leurs conclusions, la mort du bacille est secondaire et consécutive aux modi-

---

(1) Rydygier. Einige Bemerkungen über die auf unserer Klinik geubte Methode der Anti-und Asepsis. (*Wien. klin. Wochensch.*, 3 nov. 1898.)

(2) Brunner. Erfahrungen und Studien über Wundinfektion und Wundbehandlung. 3 vol. Frauenfeld. 1898-99, et *Semaine Médicale*, 1898, p. 298 et 475 et 1899, p. 227.

(3) Bruns et Nauwerck. (*Loc. cit.*)

fications survenues dans les tissus, et nous savons par nos expériences que ces modifications sont très rapides et commencent pour ainsi dire dès que l'injection est faite; pour Troje et Tangl, la mort des bacilles résulte de la dégénérescence graisseuse et de la nécrose de la couche granuleuse, dégénérescence qui enlèverait aux microbes leurs moyens de nutrition.

Nous devons conclure de toute cette étude que les modifications éprouvées par les tissus sous l'influence de l'iodoforme jouent un très grand rôle, le principal peut-être, dans les effets de cet agent. Il est évident que la néoformation cellulaire avec tendance à la sclérose constitue un terrain défavorable aux pullulations microbiennes. Mais il est possible qu'il y ait plus que cela dans cette réaction des tissus. Nous pouvons légitimement nous demander si les formations de leucocytes, particulièrement polynucléés, constatées dans quelques-unes de nos expériences, si les cellules plasmatiques, et surtout les grosses cellules à pied, à protoplasma volumineux, ne constituent pas des agents de phagocytose.

Quoi qu'il en soit de cette hypothèse qui est très plausible, les données précédentes nous semblent expliquer les bons résultats obtenus en pratique chirurgicale par l'emploi de l'iodoforme dans les suppurations en général, dans les abcès tuberculeux et dans les trajets fistuleux.

En ce qui concerne les *suppurations en général*, il n'y a pas lieu d'insister, car l'opinion des chirurgiens est faite; tous savent que le pansement iodoformé diminue la suppuration et dessèche les plaies.

Dans la cure des *abcès tuberculeux,* l'accord est à peu près absolu pour reconnaître les bons effets des injections iodoformées. Depuis von Mosetig-Moorhof, Mikulicz, Billroth, Verneuil qui ont, le premier fait connaître, les autres vulgarisé cette pratique, on ne compte plus les succès obtenus : Bruns (1), au Congrès allemand de chirurgie en 1887, indique 40 guérisons sur 54 cas; Kirmisson (2), au Congrès français de chirurgie en 1894, relate 12 observations d'abcès provenant du mal de Pott ou de la coxalgie et guéris par les injections d'éther iodoformé ; et depuis l'on a cité un grand nombre d'autres cas du même genre, soit à la Société de chirurgie en 1897 et en 1899, soit dans la *Revue d'orthopédie* en 1897.

Henle (3), relevant les résultats obtenus à la clinique de Mikulicz (Breslau) de 1890 à 1896, a noté une proportion moyenne de 73 % de guérisons sur 166 cas traités par les injections iodoformées. Lannelongue (4) a obtenu sur 17 cas 11 succès.

Ces quelques chiffres, pris dans la masse des documents qui existent sur ce sujet, montrent les effets réellement satisfaisants de l'iodoforme sur les abcès tuberculeux. Bien entendu, on n'obtient pas la guérison avec une seule injection; deux, trois ou quatre, parfois plus, sont nécessaires pour arriver au but, mais on peut dire que, dans la moyenne des cas, deux ou trois injections suffisent.

Quant aux substances qui servent de véhicule à l'iodoforme ou l'accompagnent, l'importance en paraît médiocre ou nulle, si l'on s'en rapporte aux résultats cliniques. Ainsi Kirmisson et Jalaguier, qui ont conservé l'éther iodo-

---

(1) BRUNS. De l'action antituberculeuse de l'iodoforme. (*Semaine Médicale*, 1887, p. 179.)

(2) KIRMISSON. Des injections iodoformées dans le traitement des abcès par congestion. (*Semaine Médicale*, 1894, p. 466.)

(3) HENLE. Die Behandlung der tuberkulösen Gelenkerkrankungen und der kalten Abscesse an der chirurgischen Klinik zu Breslau in den Jahren 1890-96. (*Beitrage z. klin. Chir.*, XX, 2, 3 et fasc. suppl., et *Semaine Médicale*, 1898, p. 319.)

(4) LANNELONGUE. Traitement des abcès tuberculeux symptomatiques ou non d'une altération des os. (*Semaine Médicale*, 1899, p. 35.)

formé employé par von Mosetig-Moorhof ont
obtenu, autant qu'on peut l'apprécier, les mêmes
succès que von Mikulicz, qui se sert de glycérine
iodoformée, et que von Bruns, qui emploie l'huile
iodoformée après avoir utilisé, avant 1890, la
glycérine et l'alcool comme excipients. De
même Lannelongue a eu les bons résultats cités
plus haut, en adjoignant à l'éther iodoformé
une petite proportion de créosote et une grande
quantité d'huile, d'après la formule suivante :

Iodoforme....................	} ââ 10 grammes.	
Ether....................		
Créosote....................	2	—
Huile stérilisée..............	90	—

Relativement aux *trajets fistuleux*, on a utilisé l'iodoforme depuis qu'il a été appliqué à la
tuberculose chirurgicale, soit en crayons, soit
en injections variées. Ici, on ne se trouve plus
dans des conditions aussi favorables; à défaut
de bacilles qu'on ne rencontre pas toujours
dans ces trajets, il s'y trouve en revanche des
microbes divers, des corps étrangers plus ou
moins adhérents aux tissus et provenant de la
désorganisation et de la nécrose des parties
molles ou des os. Il est évident que lorsqu'il y a
des séquestres proprement dits, on doit com-
mencer par les enlever. Mais la plupart du
temps, lorsqu'il s'agit de trajets résultant d'ab-
ces tuberculeux, les séquestres n'existent pas,
ou, du moins, s'ils existent sans qu'on puisse
les constater, ils n'empêchent pas la guérison.
C'est ce que démontre l'analyse des faits. Ainsi
Henle, dans le travail cité plus haut, mentionne
que les trajets fistuleux peuvent être rendus
aseptiques par les injections de glycérine iodoformée, faites soit directement dans les trajets,
soit autour d'eux dans l'épaisseur des tissus ; il
a obtenu ainsi la guérison dans les deux tiers
des cas. Kirmisson (1) déclare que seul le trai-

---

(1) Kirmisson. Traitement de la coxalgie. (*Semaine
Médicale*, 1899, p. 413.)

tement conservateur — dont la médication iodoformée constitue la majeure partie — permet de
guérir le plus grand nombre des fistules.

Il faut reconnaître cependant que, dans la
pratique, on éprouve de réelles difficultés pour
introduire l'iodoforme dans les trajets. Les pro-
jections de poudre avec des soufflets ne con-
viennent qu'aux fistules courtes et bien ouvertes.
Les injections de glycérine, d'huile, d'éther io-
doformés même ne laissent déposer l'iodoforme
qu'après un temps considérable, de telle sorte
qu'on fait pénétrer en réalité une faible quantité de produit dans un trajet qui est parfois
long, complexe, insuffisamment drainé. Aussi
l'un de nous (Coudray) a-t-il préconisé au com-
mencement de l'année dernière un nouveau
mode d'emploi de l'iodoforme, visant particulièrement ces fistules interminables ou suppurant
abondamment, telles que celles qui résultent du
mal de Pott ou de la coxalgie. A l'aide de « l'ip-
sileur », l'iodoforme en suspension dans le
chlorure d'éthyle est projeté dans les plaies et
les drains. Le chlorure d'éthyle bout à 10°; il
suffit d'élever un peu la température pour qu'il
sorte de l'appareil à l'état de gaz entraînant
l'iodoforme, qui se dépose instantanément en
couche mince et uniforme. De plus, la pression
gazeuse, qu'on règle à volonté par la température donnée au liquide, chasse des trajets et des
drains tous les corps étrangers et parcelles né-
crotiques qui y créent autant de centres d'infection. Ce procédé réalise une bonne antisepsie
et donne aussi des résultats intéressants au
point de vue de l'élimination des produits tuberculeux.

www.ingramcontent.com/pod-product-compliance
Ingram Content Group UK Ltd.
Pitfield, Milton Keynes, MK11 3LW, UK
UKHW020111100726
13658UKWH00005B/2089